V

13013

SUR LE

MOUVEMENT D'UN CORPS SOLIDE

AUTOUR D'UN POINT FIXE.

THÈSE DE MÉCANIQUE

PRÉSENTÉE A LA FACULTÉ DES SCIENCES DE PARIS

Par M. Briot.

PARIS,

IMPRIMERIE DE BACHELIER,

RUE DU JARDINET, N° 12.

—

1842.

ACADÉMIE DE PARIS.

FACULTÉ DES SCIENCES.

MM. BIOT, doyen,
LACROIX,
FRANCOEUR,
GEOFFROY SAINT-HILAIRE,
MIRBEL,
POUILLET,   } professeurs.
PONCELET,
LIBRI,
STURM,
DUMAS,
DELAFOSSE,

DE BLAINVILLE,
CONSTANT PREVOST,
AUGUSTE SAINT-HILAIRE, } professeurs-adjoints.
DESPRETZ,
BALARD,

LEFÉBURE DE FOURCY,
DUHAMEL,
MASSON,
PÉLIGOT,   } agrégés.
MILNE EDWARDS,
DE JUSSIEU,

THÈSE DE MÉCANIQUE.

SUR LE

MOUVEMENT D'UN CORPS SOLIDE

AUTOUR D'UN POINT FIXE.

Cette thèse a pour but la démonstration des théorèmes de mécanique énoncés dans le Mémoire publié par M. Poinsot, sous le titre de *Théorie nouvelle de la rotation des corps.*

Un déplacement quelconque imprimé à un corps solide tournant autour d'un point fixe peut être produit par une rotation autour d'un axe fixe. Il s'ensuit que, dans le mouvement d'un corps solide autour d'un point fixe, il y a à chaque instant une série de points en ligne droite qui ont une vitesse nulle; cette droite s'appelle *axe instantané de rotation.* Les lieux des axes instantanés dans le corps et dans l'espace sont deux cônes ayant pour sommet commun le point fixe, et *le mouvement du corps peut être représenté par le mouvement du premier cône roulant sans glisser sur la surface du second cône.*

§ 1er.

État initial résultant d'une impulsion primitive.

Décomposons le couple d'impulsion en trois couples perpendiculaires aux trois axes principaux d'inertie; d'après les propriétés

1..

des axes permanents, chacun de ces couples produira autour de l'axe auquel il est perpendiculaire une rotation égale à l'intensité de ce couple divisée par le moment d'inertie du corps suivant l'axe. Si donc on représente par L, M, N ces trois couples composants, par A, B, C les trois moments principaux d'inertie, on aura autour des trois axes principaux d'inertie trois rotations $\frac{L}{A}$, $\frac{M}{B}$, $\frac{N}{C}$. Ces trois rotations se composent en une seule représentée par la diagonale du parallélipipède construit sur les rotations composantes; l'axe initial de rotation formera donc avec les axes principaux d'inertie des angles dont les cosinus sont proportionnels aux quantités $\frac{L}{A}$, $\frac{M}{B}$, $\frac{N}{C}$, projections de la rotation initiale sur ces mêmes axes. En prenant pour axes coordonnés les axes principaux d'inertie, l'ellipsoïde central a pour équation

$$Ax^2 + By^2 + Cz^2 = 1.$$

Menons à cet ellipsoïde un plan tangent parallèle au couple d'impulsion; appelons x, y, z les coordonnées du point de contact, l'équation de ce plan tangent sera

$$Axx' + Byy' + Czz' = 1,$$

et l'on aura les relations suivantes

$$\frac{Ax}{L} = \frac{By}{M} = \frac{Cz}{N},$$

ou

$$\frac{x}{\left(\frac{L}{A}\right)} = \frac{y}{\left(\frac{M}{B}\right)} = \frac{z}{\left(\frac{N}{C}\right)}.$$

Ces relations montrent que la droite qui va du centre au point de contact, diamètre conjugué du plan tangent, se confond avec l'axe initial de rotation. Ainsi :

THÉORÈME Ier. *L'axe instantané de la rotation produite par un couple d'impulsion quelconque est le diamètre conjugué au plan de ce couple dans l'ellipsoïde central.*

Quant à la vitesse angulaire, elle est évidemment égale au moment du couple estimé perpendiculairement à ce diamètre et divisé par le moment d'inertie du corps suivant ce même diamètre ; car pendant l'impulsion on pourrait rendre fixe ce diamètre, l'effet produit serait le même.

§ II.

Du couple des forces centrifuges.

Si l'on considère le corps à un certain instant, la vitesse actuelle pourra être produite par un couple d'impulsion dont le plan serait conjugué à l'axe instantané de rotation. Soient O le point fixe (*fig.* 1), OP l'axe instantané de rotation à un certain moment, OA l'axe du couple d'impulsion qui produirait la vitesse actuelle (ce couple n'est autre chose que le couple des quantités de mouvement). Appliquons aux différents points du corps des forces centrales telles que sous leur influence le corps tourne d'un mouvement uniforme autour de OP, et des forces centrifuges égales et contraires. Ce système de forces centrifuges se compose en un couple que nous appellerons *couple des forces centrifuges.* Lorsque ce couple est nul et qu'aucune force extérieure n'agit sur le corps, il est clair que le corps doit tourner indéfiniment autour de OP comme autour d'un axe fixe; mais cela n'arrive que lorsque OP se confond avec l'un des axes principaux d'inertie, que pour cette raison on a nommés axes permanents de rotation; dans tous les autres cas ce couple n'est pas nul et il agit avec le couple des forces extérieures pour changer l'axe et la grandeur de la rotation. On voit par là combien est importante l'étude de ce couple des forces centrifuges : nous allons rechercher sa direction et sa grandeur.

Considérons le mouvement pendant un temps très-petit θ; en vertu de la vitesse acquise et des forces centrales, le corps décrira, en tournant autour de OP d'un mouvement uniforme, un angle $\alpha = \omega\theta$ (ω représente la vitesse angulaire); l'axe OA du couple des quantités de mouvement tournera comme s'il était lié au corps et viendra en OA′ sans changer de grandeur. L'action du couple des forces centrifuges (j'appelle F son intensité) pendant le temps θ peut être remplacée par un petit couple d'impulsion $F\theta$; il faudra composer ce couple $F\theta$ avec le couple OA′ des quantités de mouvement: le couple résultant sera le couple des quantités de mouvement au commencement du second instant, si l'on fait abstraction des forces extérieures qui agissent sur le corps; or dans ce cas le principe des aires a lieu, c'est-à-dire que le couple des quantités de mouvement ne change pas; donc le couple $F\theta$ est représenté par le côté OF du parallélogramme OA′AF. OA′ étant égal à OA et l'angle A′OP étant égal à l'angle AOP, si l'on fait décroître α indéfiniment, à la limite AA′ ou OF sera perpendiculaire au plan AOP. Donc,

Théorème II. *Le plan du couple des forces centrifuges n'est autre chose que le plan qui passe par l'axe instantané de rotation et par l'axe du couple des quantités de mouvement.*

Des points A et A′ abaissons dans les plans AOP et A′OP des perpendiculaires AI et A′I sur OP; on a

$$AA' = 2AI \sin \tfrac{1}{2} \alpha.$$

J'appelle U l'angle AOP; AI $=$ OA sin U; l'angle α étant infiniment petit, je remplace le sinus par l'arc; on a donc

$$F\theta = AA' = OA \sin U \, \alpha = OA\omega \sin U \theta;$$

d'où

$$F = OA\omega \sin U.$$

Ainsi,

Théorème III. *La grandeur du couple des forces centrifuges est égale à la surface du parallélogramme construit sur l'axe du couple des quantités de mouvement et sur la rotation actuelle ω.*

Quant au sens de ce couple, il est facile de voir qu'il tend à faire tourner son plan en allant de l'axe du couple des quantités de mouvement vers l'axe de rotation à travers le parallélogramme.

§ III.

Équations générales du mouvement.

Les théorèmes que nous venons de démontrer conduisent d'une manière très-simple aux équations générales du mouvement. Et d'abord, cherchons les projections de l'axe du couple des forces centrifuges sur les axes principaux d'inertie. J'appelle p, q, r, les projections de la rotation actuelle ω sur ces axes; les projections de l'axe du couple des quantités de mouvement sur ces mêmes droites seront Ap, Bq, Cr; en vertu du théorème II, les projections cherchées seront représentées par

$$m(B-C)qr, \quad m(C-A)rp, \quad m(A-B)pq.$$

En vertu du théorème III, $m = \pm 1$; le sens du couple dira quel signe il faut prendre. En effet, supposons $p = 0$, les deux droites OA et OP seront toutes deux situées dans le plan yOz (*fig.* 2); $\tang\, POy = \dfrac{r}{q}$ et $\tang\, AOy = \dfrac{C}{B}\dfrac{r}{q}$, de sorte que si C est plus petit que B, et de plus q et r positives, ces deux droites auront la position indiquée sur la figure; mais alors l'axe du couple des forces centrifuges tombera sur la partie positive de l'axe des x. Donc $m = +1$ et les projections cherchées sont

$$(B-C)qr, \quad (C-A)rp, \quad (A-B)pq.$$

On peut trouver directement les expressions précédentes, ce qui donne une nouvelle démonstration des théorèmes II et III. Soient M (*fig.* 3) un point du corps, MI la perpendiculaire abaissée de ce point sur l'axe de rotation OP. La force centrifuge est dirigée suivant MS et a pour valeur $\omega^2 MI$; en appelant x, y, z les coordonnées du point M, $x_{\prime}, y_{\prime}, z_{\prime}$ les coordonnées du point I, ses trois composantes sont

$$\omega^2 (x - x_{\prime}), \quad \omega^2 (y - y_{\prime}), \quad \omega^2 (z - z_{\prime}).$$

On a

$$OI = OM \cos MOP = \frac{px + qy + rz}{\omega}, \quad x_{\prime} = \frac{p.OI}{\omega}, \quad y_{\prime} = \frac{q.OI}{\omega}, \quad z_{\prime} = \frac{r.OI}{\omega};$$

d'où les composantes de la force centrifuge

$$X = q(qx - py) + r(rx - pz),$$
$$Y = r(ry - qz) + p(py - qx),$$
$$Z = p(pz - rx) + q(qz - ry),$$

et les moments des forces centrifuges

$$\sum m(Zy - Yz) = qr \sum m(z^2 - y^2) = (B - C)\, qr,$$

$$\sum m(Xz - Zx) = rp \sum m(x^2 - z^2) = (C - A)\, rp,$$

$$\sum m(Yx - Xy) = pq \sum m(y^2 - x^2) = (A - B)\, pq.$$

Voyons maintenant les équations du mouvement. Nous prenons pour axes coordonnés les axes principaux d'inertie quand le corps a tourné de l'angle α autour de OP (*fig.* 1). Le couple des quantités de mouvement au second instant, lequel a pour projections

$$A(p + dp), \quad B(q + dq), \quad C(r + dr)$$

est le couple résultant, 1° du couple OA′ des quantités de mouvement à la fin du premier instant : les projections de ce couple sont Ap, Bq, Cr; 2° du petit couple d'impulsion qui remplace l'action des forces centrifuges pendant le temps dt, et dont les projections sont, en négligeant les quantités infiniment petites du second ordre,

$$(B - C)\, qr\, dt, \quad (C - A)\, rp\, dt, \quad (A - B)\, pq\, dt;$$

3° du petit couple d'impulsion qui remplace l'action des forces extérieures pendant le temps dt : je représente les projections de ce couple par $L\, dt$, $M\, dt$, $N\, dt$. On a donc les équations suivantes :

$$A\,(p + dp) = Ap + (B - C)\, qr\, dt + L\, dt,$$
$$B\,(q + dq) = Bq + (C - A)\, rp\, dt + M\, dt,$$
$$C\,(r + dr) = Cr + (A - B)\, pq\, dt + N\, dt,$$

ou

(1)
$$\left\{\begin{aligned}
A\,\frac{dp}{dt} - (B - C)\, qr &= L, \\
B\,\frac{dq}{dt} - (C - A)\, rp &= M, \\
C\,\frac{dr}{dt} - (A - B)\, pq &= N.
\end{aligned}\right.$$

Ce sont les trois équations d'Euler.

§ IV.

Du mouvement, lorsque le corps n'est sollicité par aucune force accélératrice.

Quand aucune force accélératrice n'agit sur le corps, les seconds membres des équations (1) sont nuls, et l'on a immédiatement deux intégrales premières qui correspondent, l'une au principe des aires

(2)
$$A^2 p^2 + B^2 q^2 + C^2 r^2 = k^2,$$

l'autre au principe des forces vives

(3)
$$A p^2 + B q^2 + C r^2 = h.$$

Ces deux intégrales premières conduisent par l'analyse à des théorèmes remarquables qui donnent une idée nette du mouvement;

mais nous arriverons aux mêmes conséquences en suivant la méthode de M. Poinsot, par la simple considération du couple des forces centrifuges. Cherchons d'abord autour de quel axe ce couple tend à faire tourner le corps. Soit OH (*fig.* 4) la projection de OP sur le plan du couple des quantités de mouvement; soit OQ le diamètre conjugué de OH dans l'ellipse suivant laquelle ce plan coupe l'ellipsoïde central; les trois droites OP, OH et OQ formeront un système de trois diamètres conjugués dans l'ellipsoïde. Donc OQ conjugué du plan AOH, plan du couple des forces centrifuges, est l'axe de rotation autour duquel ce couple tend à faire tourner ce corps. Donc,

THÉORÈME IV. *L'axe autour duquel le couple des forces centrifuges tend à faire tourner le corps est situé dans le plan du couple des quantités de mouvement.* Dans le cas que nous considérons ce plan est le plan fixe du maximum des aires.

Si nous composons la rotation OP avec la rotation infiniment petite OQ, produite par le couple des forces centrifuges dans le temps θ, la résultante OR sera la rotation au second instant. Or, si l'on a représenté la vitesse de rotation au premier instant par le rayon vecteur de l'ellipsoïde, OQ et OP étant conjuguées, PR sera tangente à l'ellipsoïde, c'est-à-dire que le point R sera encore sur l'ellipsoïde. Donc,

THÉORÈME V. *Quand le corps n'est sollicité par aucune force accélératrice, la vitesse de rotation est proportionnelle au rayon vecteur qui va du centre au pôle instantané de rotation.* (Nous appelons pôle le point où l'axe de rotation perce la surface de l'ellipsoïde.)

PR étant parallèle à OQ, et OQ restant constamment dans le plan fixe, il s'ensuit que le lieu des pôles dans l'espace est une courbe plane parallèle à ce plan fixe. De plus, le plan tangent au pôle à l'ellipsoïde étant parallèle au plan fixe, on en conclut que ce plan tangent est lui-même fixe dans l'espace. Ainsi,

Théorème VI. *Le plan tangent à l'ellipsoïde central au pôle de rotation est fixe dans l'espace.*

A l'aide des théorèmes précédents on arrive à une représentation très-simple du mouvement d'un corps qui tourne autour d'un point fixe sans être sollicité par aucune force accélératrice. *L'ellipsoïde central roule sans glisser sur le plan fixe avec lequel on l'a mis en contact primitivement, et la vitesse angulaire de rotation est proportionnelle au rayon vecteur qui va du centre au point de contact.*

§ V.

Des deux courbes décrites par le pôle instantané de rotation.

Le lieu des pôles à la surface de l'ellipsoïde, lieu que M. Poinsot a nommé *poloïde,* peut être considéré comme la suite des points où l'ellipsoïde serait touché par un plan mobile qui resterait toujours à la même distance δ du centre.

L'équation de l'ellipsoïde est

(4) $$A x^2 + B y^2 + C z^2 = 1,$$

et celle du plan tangent

(5) $$A x x' + B y y' + C z z' = 1.$$

On a donc

$$\delta = \frac{1}{\sqrt{A^2 x^2 + B^2 y^2 + C^2 z^2}},$$

ou

(6) $$A^2 x^2 + B^2 y^2 + C^2 z^2 = \frac{1}{\delta^2} = l.$$

Les deux équations (4) et (6) sont les équations de la poloïde; ces deux équations combinées donnent

(7) $$A (A - l) x^2 + B (B - l) y^2 + C (C - l) z^2 = 0:$$

2..

c'est l'équation du lieu des axes instantanés dans l'intérieur du corps; ce lieu est *un cône du second degré elliptique autour de l'axe maximum ou autour de l'axe minimum de l'ellipsoïde*, suivant que ϑ est plus grand ou plus petit que l'axe moyen de l'ellipsoïde.

La poloïde est donc une courbe fermée à double courbure qui a quatre sommets principaux où elle est divisée en quatre parties égales et symétriques; elle se projette en une ellipse sur le plan perpendiculaire à celui des deux axes qui lui sert d'essieu, en un arc d'ellipse sur le plan perpendiculaire à l'autre axe, enfin en un arc d'hyperbole sur le plan perpendiculaire à l'axe moyen.

Des équations (4) et (6), en appelant ρ la longueur du rayon vecteur mené du centre à la poloïde, on déduit les relations suivantes :

$$(8) \quad \begin{cases} \mathrm{AB}.\rho^2 = (\mathrm{A} - \mathrm{C})(\mathrm{B} - \mathrm{C})\,z^2 - l + (\mathrm{A} + \mathrm{B}), \\ \mathrm{BC}.\rho^2 = (\mathrm{B} - \mathrm{A})(\mathrm{C} - \mathrm{A})\,x^2 - l + (\mathrm{B} + \mathrm{C}), \\ \mathrm{CA}.\rho^2 = (\mathrm{C} - \mathrm{B})(\mathrm{A} - \mathrm{B})\,y^2 - l + (\mathrm{C} + \mathrm{A}). \end{cases}$$

Soit B le moment principal moyen d'inertie; dans la dernière des équations (8), le coefficient de y^2 est négatif, donc *le maximum de ρ a lieu pour $y = 0$*, c'est-à-dire *aux sommets de la poloïde situés dans le plan principal moyen de l'ellipsoïde*. Les deux premières équations montrent que *le minimum de ρ a lieu aux deux autres sommets*.

L'équation différentielle de la poloïde entre le rayon vecteur ρ et l'arc de la poloïde s'obtient aisément; si l'on pose en effet

$$(9) \quad \mathrm{H} = (\mathrm{A} - \mathrm{B})(\mathrm{B} - \mathrm{C})(\mathrm{A} - \mathrm{C}),$$

les équations (8) donnent

$$z^2 = \frac{\mathrm{A} - \mathrm{B}}{\mathrm{H}}\left[\mathrm{AB}.\rho^2 + l - (\mathrm{A} + \mathrm{B})\right],$$

$$dz^2 = \frac{\mathrm{A} - \mathrm{B}}{\mathrm{H}}\,\frac{\mathrm{A}^2\mathrm{B}^2\,\rho^2\,d\rho^2}{\mathrm{AB}.\rho^2 + l - (\mathrm{A} + \mathrm{B})};$$

d'où

$$(10) \quad \sqrt{\mathrm{H}}\,ds = \rho\,d\rho\,\sqrt{\frac{\mathrm{A}^2\mathrm{B}^2(\mathrm{A} - \mathrm{B})}{\mathrm{AB}\rho^2 + l - (\mathrm{A} + \mathrm{B})} + \frac{\mathrm{B}^2\mathrm{C}^2(\mathrm{B} - \mathrm{C})}{\mathrm{BC}.\rho^2 + l - (\mathrm{B} + \mathrm{C})} + \frac{\mathrm{C}^2\mathrm{A}^2(\mathrm{C} - \mathrm{A})}{\mathrm{CA}.\rho^2 + l - (\mathrm{C} + \mathrm{A})}}.$$

Le lieu des pôles sur le plan fixe peut être considéré comme engendré par la poloïde qu'on ferait rouler autour du centre sur ce plan fixe. Soient I (*fig.* 5) la projection du centre sur le plan fixe ; IG et IH les rayons de deux circonférences tracées sur ce plan ayant pour centre commun I, et telles que les rayons vecteurs allant du centre de l'ellipsoïde à ces deux circonférences soient les rayons vecteurs maximum et minimum de la poloïde. Le lieu des pôles sur le plan fixe sera entièrement compris entre ces deux circonférences, et il se composera d'une série d'arcs égaux à l'arc $aba'b'a_i$ engendré par un tour de la poloïde. Si l'arc aa_i est commensurable avec la circonférence, cette courbe, que M. Poinsot a nommée *serpoloïde* à cause de sa forme, se ferme après un certain nombre de révolutions, et l'axe instantané revient en même temps au même lieu du corps et de l'espace ; dans le cas contraire la courbe ne se ferme pas, et l'axe qui revient toujours périodiquement au même lieu dans le corps ne revient jamais au même lieu dans l'espace.

L'équation (10) est aussi l'équation différentielle de la serpoloïde entre le rayon vecteur émané du centre o et l'arc. Si l'on voulait avoir l'équation polaire de cette courbe par rapport au point I, il faudrait dans l'équation (10) remplacer ρ et s par leurs valeurs données par les équations suivantes :

$$(11) \qquad \rho^2 = \delta^2 + \rho_i^2, \quad ds^2 = d\rho_i^2 + \rho_i^2 \, d\theta^2.$$

Pour compléter la solution il ne reste plus qu'à déterminer la vitesse angulaire de rotation en fonction du temps. On a

$$\omega \frac{d\omega}{dt} = h\rho \frac{d\rho}{dt} = p \frac{dp}{dt} + q \frac{dq}{dt} + r \frac{dr}{dt},$$

et, en vertu des équations (1) privées de seconds membres,

$$h\rho \frac{d\rho}{dt} = pqr \left(\frac{B-C}{A} + \frac{C-A}{B} + \frac{A-B}{C} \right) = - \frac{H}{ABC} pqr.$$

Les équations (8) donnent

$$(A - B) [AB.\rho^2 + l - (A + B)] = \frac{H}{h} r^2,$$

$$(B - C) [BC \rho^2 + l - (B + C)] = \frac{H}{h} p^2,$$

$$(C - A) [CA.\rho^2 + l - (C + A)] = \frac{H}{h} q^2,$$

d'où

$$(12) \qquad \frac{ABC}{\sqrt{h}} \rho d\rho = dt \sqrt{-[AB.\rho^2 + l - (A+B)] [BC.\rho^2 + l - (B+C)] [CA.\rho^2 + l - (C+A)]}.$$

Les deux transcendantes elliptiques (10) et (12) déterminent complétement le mouvement. La combinaison de ces deux équations donne $\frac{ds}{dt}$, la vitesse avec laquelle se meut le pôle sur la serpoloïde.

§ VI.

Examen de quelques cas particuliers.

Dans le cas où δ est égal à l'axe moyen de l'ellipsoïde, l'équation (7) représente deux plans; donc la poloïde est une ellipse dont le plan passe par l'axe moyen. L'équation (10), si l'on remplace ρ et s par leurs valeurs (11), se réduit dans ce cas à

$$(13) \qquad d\theta = \frac{\sqrt{AC}.d\rho_1}{\rho_1 \sqrt{(A-B)(B-C) - ABC\rho_1^2}} = \frac{1}{\sqrt{B}} \frac{d\rho_1}{\sqrt{m^2 - \rho_1^2}},$$

en posant

$$m^2 = \frac{(A-B)(B-C)}{ABC}.$$

L'intégrale de cette expression est

$$(14) \qquad \rho_1 = \frac{2m}{e^{m\theta} + e^{-m\theta}},$$

en choisissant l'axe polaire de telle sorte que pour $\theta = 0$, ρ_1 ait sa valeur maximum qui est m. Cette équation (14) représente une double spirale; les deux branches partant toutes deux du point G (*fig.* 6) s'en vont, l'une d'un côté, l'autre de l'autre, aboutir, après un nombre infini de circonvolutions, au point asymptotique I. Dans ce cas on peut aussi intégrer l'équation (12), car elle se réduit à

$$(15) \qquad \frac{\sqrt{h}}{B} \, dt = \frac{\pm \rho \, d\rho}{(B\rho^2 + 1)\sqrt{n^2 - \rho^2}}, \qquad n^2 = \frac{A + C - B}{AC}.$$

Le pôle étant placé originairement en un point quelconque de la spirale, il se mouvra sur cette spirale dans un sens ou dans l'autre, selon le sens de la rotation; et, après avoir dépassé le sommet G, s'il le dépasse, il se rapprochera indéfiniment du point I, en même temps que la vitesse angulaire converge vers une valeur finie; mais il n'atteindra jamais le point I.

Dans le cas où l'ellipsoïde central est un ellipsoïde de révolution, la poloïde devient un cercle autour de l'axe de révolution; la serpoloïde devient aussi un cercle.

§ VII.

Autre manière de se représenter la rotation d'un corps qui n'est soumis à aucune force accélératrice.

Considérons le plan AOP (*fig.* 4) qui passe par l'axe fixe et l'axe de rotation instantané; OH est la trace de ce plan sur le plan fixe du maximum des aires. Le mouvement du plan AOH ou de la ligne OH dans le plan fixe ou équateur, constitue le mouvement de *précession;* le mouvement de l'axe de rotation dans le plan AOH constitue le mouvement de *nutation*. La rotation ω autour de OP peut se décomposer en deux rotations, l'une $\omega \cos U$ autour de OA, l'autre $\omega \sin U$ autour de OH; or $\omega \cos U$ est une quantité constante, donc *le mouvement de précession est uniforme.* Quant au mouvement de nutation, il est facile à déterminer, car $\rho \cos U = \text{const.}$, et l'on connaît ρ en fonction de t.

Cherchons le lieu de la ligne OH dans le corps; les équations du plan fixe et du plan AOH sont

$$A\,px + B qy + C rz = o,$$
$$(B - C)\,qrx + (C - A)\,rpy + (A - B)\,pqz = o;$$

d'où

$$\frac{x}{p\,(A - l)} = \frac{y}{q\,(B - l)} = \frac{z}{r\,(C - l)}.$$

Éliminons p, q, r, on a

(16)
$$\frac{A}{A - l}\,x^2 + \frac{B}{B - l}\,y^2 + \frac{C}{C - l}\,z^2 = o.$$

C'est un cône du second degré; d'où une nouvelle image du mouvement du corps solide: on peut le représenter par celui *d'un cône elliptique qui roule sur le plan fixe du maximum des aires avec une vitesse variable et qui glisse sur ce plan avec une vitesse constante.*

Dans le cas où δ est égal à l'axe moyen de l'ellipsoïde, l'équation (16) se réduit à $y = o$; d'ailleurs $\frac{x}{z} = \frac{p}{r}\,\frac{A - l}{C - l}$ et $\frac{p}{r}$ est constante; donc, dans ce cas, la ligne OH est fixe dans le corps, c'est un diamètre situé dans le plan moyen de l'ellipsoïde central, de sorte que *le mouvement du corps consiste simplement à tourner sur ce diamètre avec une vitesse variable, tandis que ce diamètre décrit uniformé- ment un cercle dans l'espace.*

§ VIII.

Propriétés des trois axes principaux d'inertie relatives à la stabi- lité de la rotation.

Les axes principaux sont tous trois des axes permanents de rota- tion, mais il y existe une grande différence entre les axes extrêmes et l'axe moyen, relativement à la stabilité de la rotation. En effet, si l'on écarte l'axe instantané de l'un des axes extrêmes d'une quan- tité très-petite, l'écartement restera très-petit dans tout le cours du mouvement, à cause que le pôle instantané décrira sa poloïde autour de cet axe extrême. Au contraire, pour peu qu'on écarte l'axe instantané de l'axe moyen, l'écartement deviendra considérable, le pôle instantané s'en allant décrire sa poloïde autour de l'un des axes extrêmes. Ainsi les axes principaux extrêmes sont des axes permanents stables, l'axe principal moyen est un axe permanent instable. Quant à la stabilité relative des deux axes extrêmes, on peut s'en faire une idée par l'aire des deux fuseaux déterminés sur la surface de l'ellipsoïde central par les deux plans que représentent l'équation (7) quand $B = l$.

Vu et approuvé,

Le Doyen de la Faculté,

J.-B. BIOT.

Permis d'imprimer,

l'Inspecteur général des Études,

chargé de l'administration de l'Académie de Paris,

ROUSSELLES.

PROGRAMME

D'UNE

THÈSE D'ASTRONOMIE.

Mouvement des planètes, en tenant compte des actions réciproques des planètes les unes sur les autres.

Équations différentielles du mouvement troublé.

Forme générale des équations qui donnent la variation des constantes.

Composition des coefficients.

Détermination de ces coefficients dans le cas du mouvement des planètes, au moyen des intégrales premières qui correspondent au principe des forces vives et au principe des aires.

Vu et approuvé,

Le Doyen de la Faculté,

J.-B. BIOT.

Permis d'imprimer,

l'Inspecteur général des Études,

chargé de l'administration de l'Académie de Paris,

ROUSSELLES.

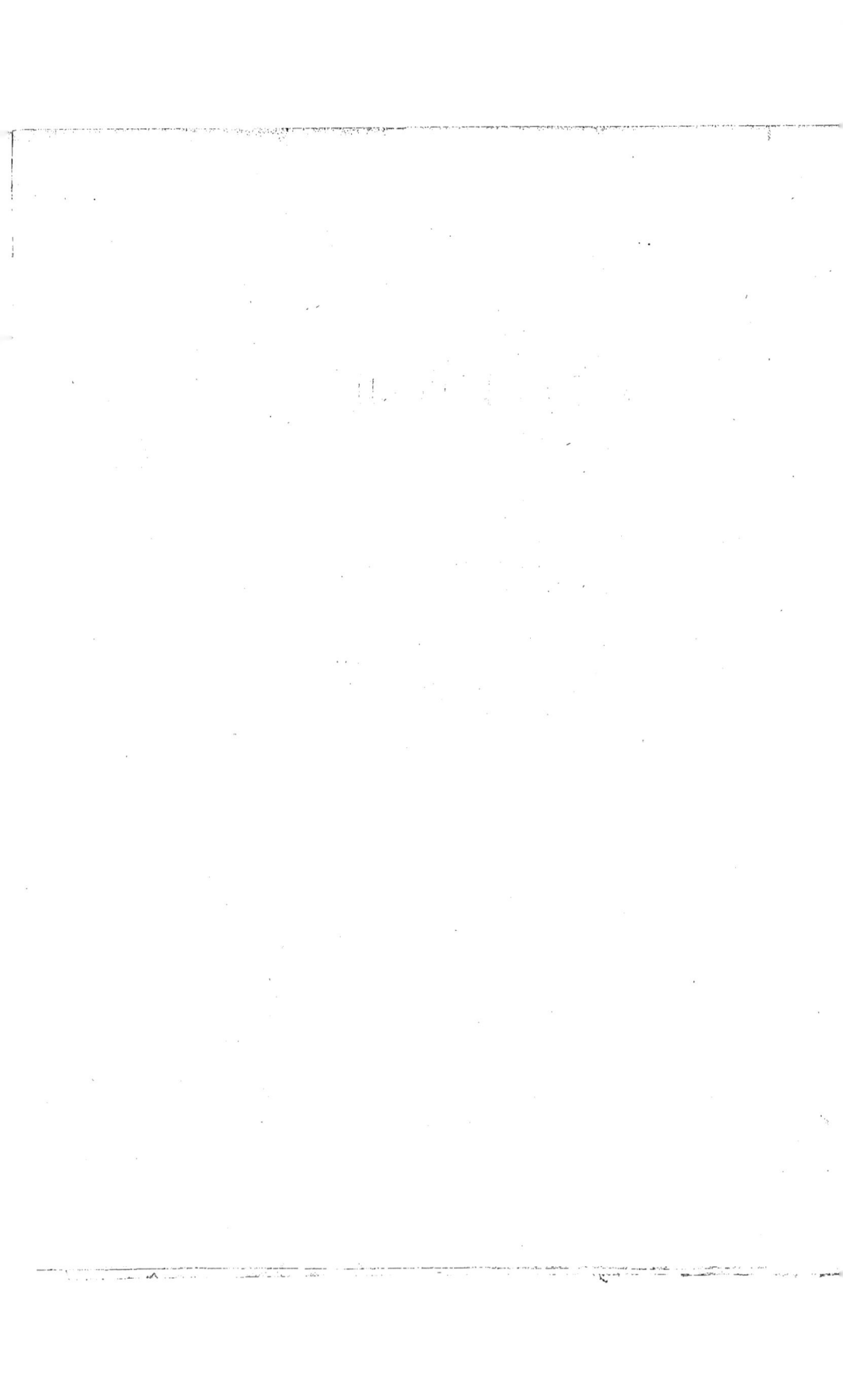

Sur le centre de gravité d'un triangle sphérique quelconque,
par L.A.S. Ferriot.

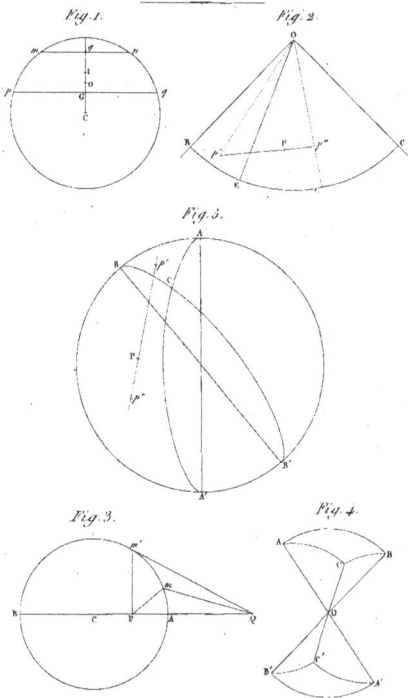

Du mouvement d'un corps solide autour d'un point fixe,
par M. Briot.

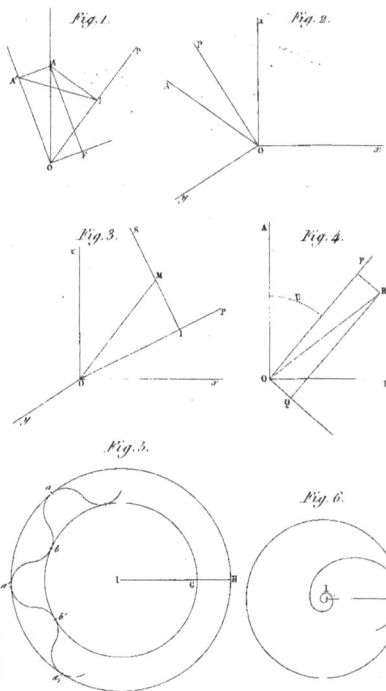

Fig. 1.

Fig. 2.

Fig. 3.

Fig. 3.

Fig. 4.

Fig. 1.

Fig. 2.

Fig. 3.

Fig. 4.

Fig. 5.

Fig. 6.

Dessiné par Wormser.